ロボットを しょうかいしよう

JN080783

なまえ

わたしは、

というロボットを
しょうかいします。

このロボットは、

（なにをしてくれるかな？）

くれる
ロボットです。

※コピーしてつかうことができます。つかいかたは、この本のさいごにあります。

ロボット大図鑑
だいずかん

どんなときにたすけてくれるかな？

3 ものづくりをたすけるロボット

監修　佐藤知正

ポプラ社

もくじ

この本の見かた

ロボットの名前

ロボットをつくった会社

ロボットを開発した国、大きさなどの情報が書かれている。

● 開発国…共同で開発した場合はふたつ以上の国名がならびます。
● 開発年…ロボットを開発した年
● 発売年…ロボットを発売した年

ロボットによって情報の種類がかわります。

ロボットのおもなはたらきをわかりやすくしょうかいしている。

ロボットの「できること」がわかる。

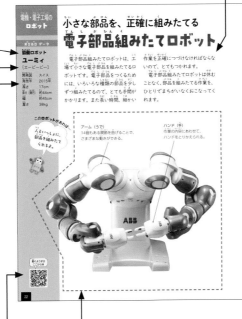

QRコードをタブレットやスマートフォンで読みとると、ロボットの会社がつくった映像を見ることができる。

＊一部YouTubeの映像があるため、えつらん制限がかかっているタブレットやスマートフォンでは見られないことがあります。この本のQRコードから見られる映像はお知らせなく、内容をかえたりサービスをおえたりすることがあります。
＊一部映像のないページもあります。

ロボットのどこにどんなはたらきがあるかがわかる。

 ロボットのすごいところがわかるよ。

もっと知りたい！ ロボットについてさらにくわしくせつめいしているよ。

※この本の情報は、2024年1月現在のものです。

はじめに

　工場では、機械や人だけでなくロボットがかつやくしています。とくに自動車の工場では、自動車の色をぬったり部品を組みたてたりする作業に、ロボットがかかせません。これらの工場ではたらくロボットを、産業用ロボットといいます。

　産業用ロボットは、ものをつかむ手（ハンド）とそれをうごかすうで（アーム）を組みあわせてつくられています。さらに、製品をはこぶベルトコンベアなどのしかけと組みあわせて、大きなしくみとなっています。そのため、ロボットをつかえるのは大きな工場だけでした。

　しかしいま、手作業が中心となっていた町工場でも、ロボットがかつやくしています。ロボットの技術が進歩したからです。

　この巻では、自動車工場などの大きな工場から、食品や薬品、化粧品工場のような工場まで、さまざまな工場で、ものづくりをたすけるロボットをしょうかいします。

東京大学名誉教授

佐藤　知正

ロボットアームは自由じざい！

関節がたくさんある

ロボットのアームには、人のうでのように曲がる関節がいくつもある。上下左右に曲がったり、回転しながら、目的の場所にハンドをはこぶ。

かなりの力もち！

大きなロボットアームだと、300kgのものをかるがるともちあげる。

なん役もこなせる

人が手でいろいろな作業をするように、ハンドをかえれば、同じアームでもいろいろな作業ができる。

ロボットアームは
産業用（さんぎょうよう）ロボットの
中心（ちゅうしん）なんだ！

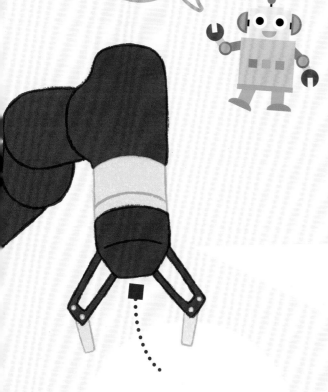

ハンドをつける

アームの先（さき）にハンドをつける。
これはものをもちあげるハン
ド。小（ちい）さなネジもつまめる。

どんな場所（ばしょ）でも
かつやくできる

しっかりした土台（どだい）の上（うえ）だけでなく、
せまい場所（ばしょ）でも、てんじょうから
つりさげられても、作業（さぎょう）できる。

ハンドをかえて
いろいろなしごとができる

くっつける

「溶接（ようせつ）」といって、ハンドの
先（さき）から高温（こうおん）の熱（ねつ）をだし、金
属（きんぞく）をとかしてくっつける。

色（いろ）をぬる

「塗装（とそう）」といって、ハン
ドからでる塗料（とりょう）をふき
つけて色（いろ）をぬる。

組（く）みたてる

部品（ぶひん）をもちあげたり、ね
じをしめたりして組（く）みた
てる。

もちあげてはこぶ

やさしくもちあげたり、すいつけながらはこんだり、
大（おお）きなパワーでもちあげたりする。

空気（くうき）をつかって、ものに
さわらずにもちあげる。

空気（くうき）ですいこんで、
ものをハンドにくっ
つけてもちあげる。

電気（でんき）をながしたり止（と）めたりして、
強力（きょうりょく）なじしゃくでもちあげる。

強力（きょうりょく）な静電気（せいでんき）を
ながしてひきつけて
もちあげる。

ものづくりをたすける

わたしたちの身のまわりには、工場でつくられているものがたくさんあります。この巻では、いろいろな工場で人のしごとをたすけているロボットたちが登場します。どんなロボットがかつやくしているでしょう？

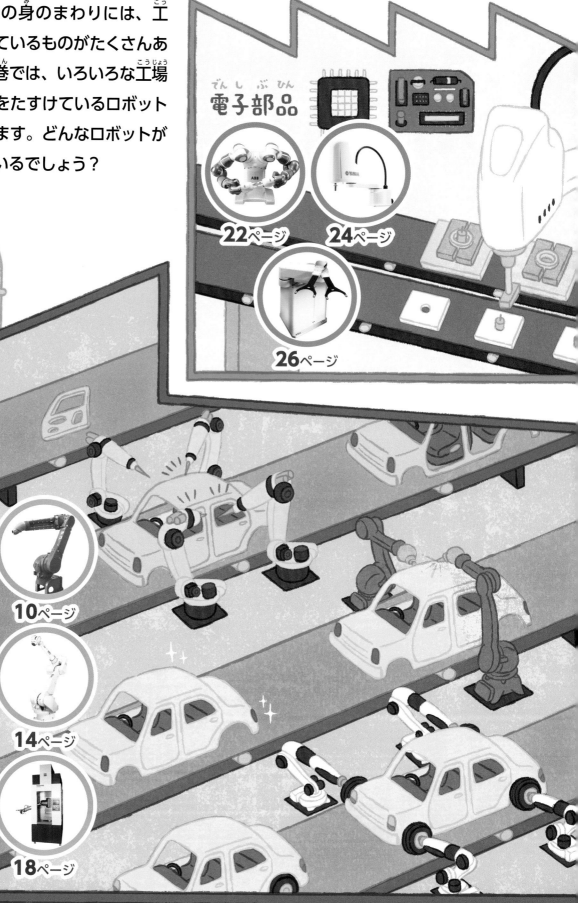

電子部品

22ページ

24ページ

26ページ

自動車

8ページ

10ページ

12ページ

14ページ

16ページ

18ページ

ロボットたち

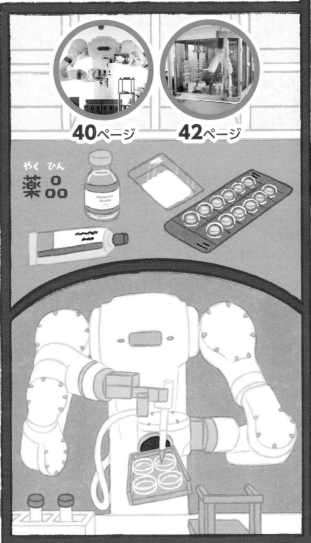

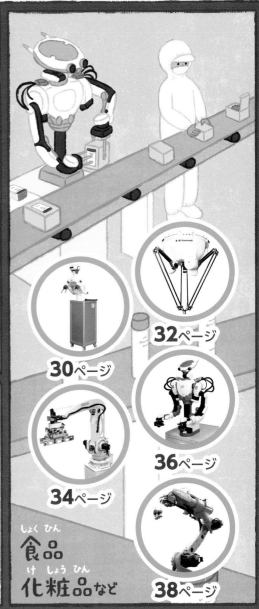

薬品
薬〇〇

40ページ　42ページ

30ページ

32ページ

34ページ

36ページ

食品
化粧品など

38ページ

工場の点検

44ページ

ものづくりの
現場ではたらく
ロボットを
見てみよう！

ROBO データ

FANUC Robot
R-2000iD/
210FH
［ファナック］

開発国	日本
発売年	2019年
高さ	220cm
長さ（奥行）	220cm
幅	70cm

＊溶接ロボットは、溶接用のハンド（手）をつけます。上記は、ハンドをのぞいた情報です。

金属の部品をしっかりつなげる
溶接ロボット

自動車工場では、部品を組みあげるとき、部品を熱でとかして、もうひとつの部品につなげる溶接という方法で組みたてます。このロボットは、自動車工場などで人にかわって溶接をします。

溶接は、金属がとけるほどの高い温度でおこなうので、きけんでむずかしい作業です。作業をする現場もとてもあつくなります。このロボットがあれば、人がするよりも安全に正確に、すばやく溶接をしてくれます。

このロボットがあれば…

火花がとぶようなきけんな溶接を、人にかわって休まずやってくれるよ。

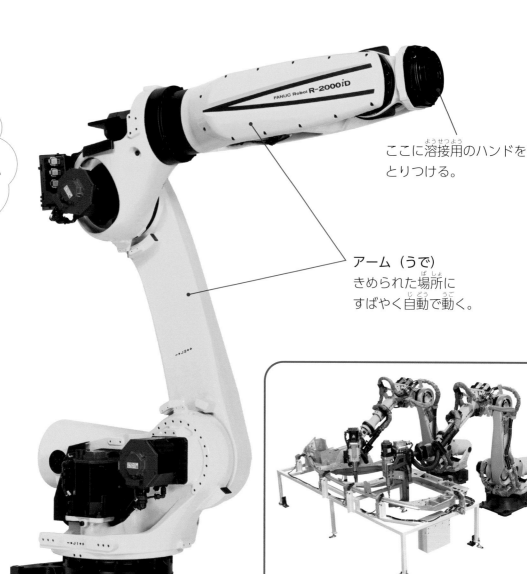

ここに溶接用のハンドをとりつける。

アーム（うで）
きめられた場所にすばやく自動で動く。

▲アームの先に、溶接用のハンドをつけた状態。

動くようすはここから↓

ハンドの熱で部品を
とかしてくっつける

自動車工場では、平らな鉄の板を型におしつけて、車体のさまざまな部品をつくります。その部品どうしをくっつけていくのが溶接ロボットです。

ロボットのアームを通してハンドへ電流がながれると、ハンドの先端はとても高温になります。鉄は高い熱でとけるので、その熱で部品どうしをとかしてつなぎあわせるのです。

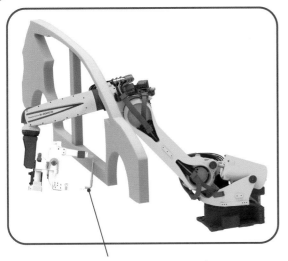

ここに電流をながしてつくった熱で、金属をとかしてつなげる。

▶溶接用のハンドをつけて溶接をしているようす。

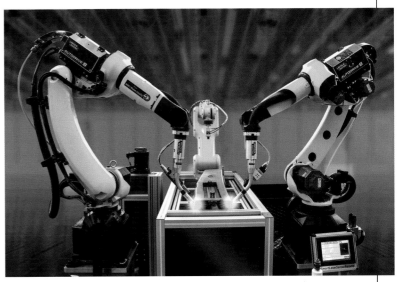

関節がたくさんあるので
いろいろな場所に
とどく

▼▼ゆかにおいて上向きの作業もでき（左）、たななどにおいて下向きの作業をすることもできる（下）。

自動車工場の溶接では、6つの関節をもつロボットがたくさんかつやくしています。このロボットも同様で、ほかの関節の少ないロボットではとどきにくい場所でも、すき間からうまく入りこんで、溶接できます。

関節が多いと動きがふくざつになりますが、コンピュータのプログラムで動きをきめて、そのとおりに溶接をおこないます。

ＲＯＢＯ データ

モートマン
エムピーエックス
MPX3500
［安川電機］

開発国	日本
発売年	2015年
高さ	約210cm

＊塗装ロボットは、塗装用のハンド（手）をつけます。上記は、ハンドをのぞいた情報です。

車体にひとりできれいに色をぬる
塗装ロボット

　塗装ロボットは、自動車の車体に色をぬるロボットです。

　自動車工場では、車体に色をぬることも、たいせつな作業のひとつです。しかし、たくさんの車体にむらなくきれいに色をぬるのは、時間がかかります。このロボットは、ひとりで塗料（色がついた液体）をきりの

ようにふきだして、くりかえしぬることができるので、どんな形の部品にも、きれいにまんべんなく、すばやく色をぬることができます。

　また、人が塗料をすいこむと体によくありません。ロボットが作業をすることで、はたらく人は安全にしごとができるのです。

このロボットがあれば…

すばやく
たくさんの自動車に
色をぬることが
できるよ。

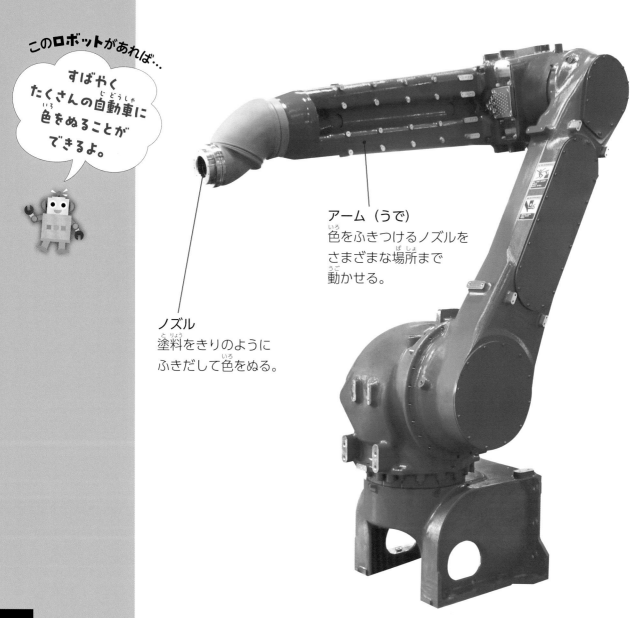

アーム（うで）
色をふきつけるノズルを
さまざまな場所まで
動かせる。

ノズル
塗料をきりのように
ふきだして色をぬる。

自動車の車体に休まず色をぬる

組みたてた車体をきれいにしあげるために、塗装ロボットが自動で、きりのように細かくした塗料を、車体にくりかえしぬっていきます。きりのような塗料がまう中で、人が長い時間つづけて作業することはできません。けれども、ロボットだと、気にせず、休まずぬることができます。

▲工場で車体を塗装するようす。アームに塗料がつかないように、白いカバーをつけて作業する。

どんな形の車体でも何台も正確に色をぬれる

ロボットは、車体の形にあわせてつくった工場のプログラムどおりに、とても正確に作業します。毎回の動きのずれは、わずか100分の15mmです。何台色をぬっても、同じようにしあげられます。

▶ドアのわくのような入りくんだ場所も、プログラムどおりにまちがいなくぬっていく。

これはすごい！ 両側からぬって、作業時間をみじかく

多くの自動車は、右がわと左がわが同じ形をしています。自動車工場では、作業時間をみじかくするために、車体が工場のラインの上をながれるとき、右がわと左がわを同時にぬれるようになっています。

▶塗料の入れものにつながる管をかえると、ちがう色をぬることもできる。

ＲＯＢＯ データ

FANUC Robot
M-900iB/360
［ファナック］

開発国	日本
発売年	2014年
高さ	230cm
長さ（奥行）	280cm
幅	130cm

＊組みたてロボットは、組みたて用のハンド（手）をつけます。上記は、ハンドをのぞいた情報です。

このロボットがあれば…

自動車の部品の組みたて作業を、正確にやってくれるよ。

重い部品も安全にすばやく組みたてる
組みたてロボット

このロボットは、自動車工場で部品を組みたてるロボットです。

自動車の組みたてでは、ボルトをしめたり、車体を組んだりとさまざまな作業があります。人がひとりではもてないほどの、重い部品をはこんではめこむことも多いため、たいへんな仕事です。

ロボットなら、アームの先に作業にあわせたハンドをつけて、はやく正確に自動車を組みたてることができます。

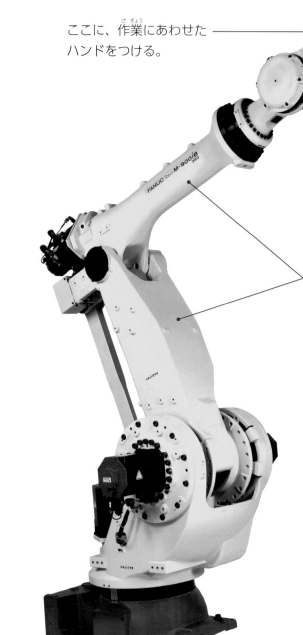

ここに、作業にあわせたハンドをつける。

アーム（うで）
部品をもちあげたり、ボルトをしめたりするために、いろいろな方向へすばやく動く。360kgの重さのものまでもちあげられる。

いろいろな部品を正確にはめこむ

　自動車ができるまでには、何千もの部品を組みたてていきます。重い部品を正しい位置にぴったりはめこむには高い技術と経験が必要です。ロボットならかんたんにもちあげられ、0.05mmという位置の細かい調整もできて、正確にはめこむことができます。細かい作業から力のいる作業まで、組みたてロボットが人をたすけます。

▲運転席のたくさんの部品のかたまりを、正確にはめこんでいるようす。

合体した部品でも車体にとりつける

　これまではたくさんの部品をひとつひとつ組みたてていて、どうしても人の手が必要でした。これからは、部品の大きなかたまりを先につくっておいて、それを合体する組みたてかたがすすんでいきます。人ではもてない重さの大きな部品のかたまりになっても、ロボットならかんたんに組みたてることができます。

▲自動車を動かす機械の部分と、車体をロボットが自動でとりつけているようす。

作業にあわせていろいろなハンドがある

　アームの先のハンドは、作業にあわせていろいろな形があります。作業にぴったりのそれぞれのハンドが、くふうしてつくられています。

▲自動車のてんじょう内がわにつけるやわらかい部品も、ハンドのくふうで経験をつんだ人と同じようにはめこむ。

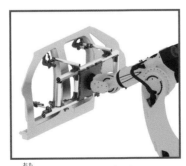

▲重いものをしっかりはこべるハンドで、自動車のサイドパネルも正確にはこぶ。

▲ネジをしめるハンドで、タイヤをつける軸をしめているようす。

ＲＯＢＯ データ

FD-V50

［ダイヘン］

開発国	日本
発売年	2003年
高さ	約185cm
長さ（奥行）	132cm
幅	64cm
重さ	640kg

＊部品運搬ロボットは、運搬用のハンド（手）をつけます。上記は、ハンドをのぞいた情報です。

きけんな作業場で、安全に部品をうつしかえる
部品運搬ロボット

　自動車工場などで、さまざまな部品をつぎの作業の場所にはこぶロボットです。

　自動車工場では、小さなものから大きなものまで、さまざまな大きさの部品をあつかいます。ときには、強い力で鉄板などを部品の形へかえるプレス機に、鉄板をおくこともあります。人がおこなえば、鉄板でけがをしたり、機械にまきこまれたりと、命にかかわることもあるきけんな作業です。また、くりかえし長時間、部品をはこぶこともあります。これも体にふたんのかかるたいへんな作業です。

　このロボットは、人にかわって、安全に、はやく休みなく自動で作業をしてくれます。

このロボットがあれば…

重い鉄板でもすばやく機械に入れる作業を、してくれるよ。

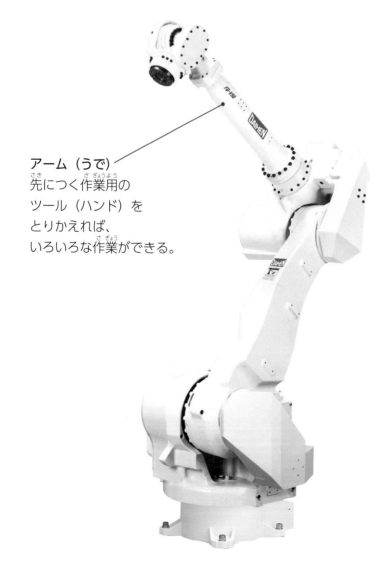

アーム（うで）
先につく作業用の
ツール（ハンド）を
とりかえれば、
いろいろな作業ができる。

動くようすはここから↓

これができるよ！

重いものもかるがるはこぶ

　自動車には、うすくて大きな金属の板がたくさんつかわれています。自動車工場では、さいしょにこの板を機械でぎゅっとおしつけてさまざまな形をつくり、自動車の車体などの部品にします。金属の板は重たくて、機械の中に入れる作業はとてもきけんです。人がすると４人がかりのところを、このロボットは、はやく正確に、連続して作業をすることができます。

　また部品運搬ロボットは、小さいものもはこびます。ほかのロボットがつかう部品を、つかみやすいようにきめられた位置にセッティングするのも、このロボットの役目です。

▲ロボットが金属の板をもちあげて、プレス機にセッティングするようす。

● そのほかのロボット ハンドをかえるとほかのしごともできる！

部品運搬ロボットのなかまで大きさのちがうロボットたちが、ハンド部分をかえて、いろいろな仕事をしています。

金属部品のでこぼこをけずりとる

▲▶金属をけずりとるハンドをつけ、部品をつくるときにぐうぜんできるでこぼこを、形にそってていねいにけずりとる。

金属のつつにあなをあける

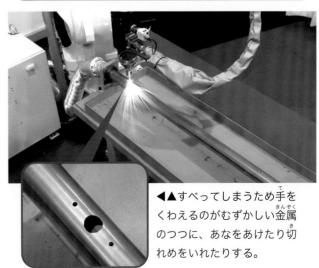
◀▲すべってしまうため手をくわえるのがむずかしい金属のつつに、あなをあけたり切れめをいれたりする。

ＲＯＢＯ データ

エスフィー

［コニカミノルタ］

開発国	スペイン・日本
発売年	2016年
高さ	約300cm
長さ（奥行）	約300cm
幅	約300cm

車体のでこぼこを見つけだす
車体検査ロボット

車体検査ロボットは、自動車工場で車体の表面にでこぼこがないかを検査するロボットです。

自動車の車体に色をぬるとき、表面にできた小さなあわなどが原因で、ぶつぶつとしたわずかなでこぼこができてしまうことがあります。これは工場の中での明かりだとめだちませんが、そとの光だとめだつことがあります。また、そこから車体の表面がいたんでいくこともあります。

このようなでこぼこを、人が工場の中で見つけるには、何人もの人が手わけをしても、とても時間がかかります。けれども、このロボットなら、すばやく見つけることができます。

このロボットがあれば…

小さなでこぼこをみじかい時間で見つけてくれるよ。

カメラ
車体の表面をすき間なく撮影し、人の目では見つけにくいでこぼこを見つける。

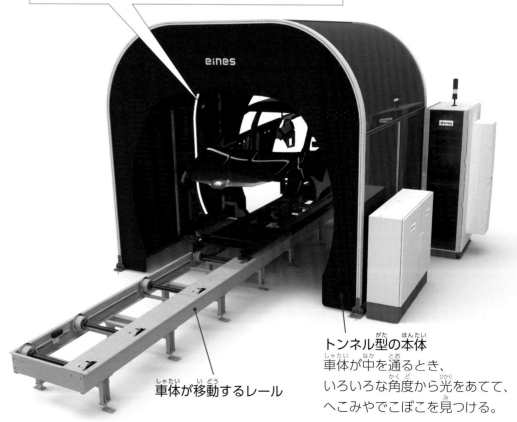

トンネル型の本体
車体が中を通るとき、いろいろな角度から光をあてて、へこみやでこぼこを見つける。

車体が移動するレール

動くようすはここから↓

これができるよ！

ながれ作業を止めずに、表面の検査ができる

▼自動車工場のながれ作業を止めずに、つぎつぎとしらべることができる。

トンネルの形をしたロボットの中を車体がくぐるときに、ロボットはさまざまな角度から光をあてて、すき間なく写真をとり、自動的に表面のようすをしらべます。しらべた車体の表面にでこぼこが見つかると、工場にいる作業員がもっているスマートフォンに、車体のどの場所にどのようなでこぼこがあるかを知らせます。

これができるよ！

AI（人工知能*）をつかったり、写真を加工したりしてもれなくしらべる

◀車体に光をあててとった写真。光のおびがなめらかで、でこぼこはない。

ロボットに、表面のでこぼこの種類の写真を見せて、AIに学習させることで、ロボットがひとりででこぼこの種類を判断できるようにしています。
　また、ロボットは車体に光をあてて写真をとったり、移動させながら何まいもの写真をとったりします。その写真を加工することで、とても小さな、でこぼこやきずなども、見つけやすくしています。

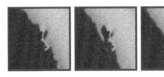

◀車体を移動させながらとった写真を加工したもの。光のおびがでこぼこして、きずがあるのがよくわかる。

これはすごい！

でこぼこの種類も見わける

車体のでこぼこには、あわによってできたぶつぶつや、小さなあな、ほこりの上から色をぬってできたものなど、いろいろな原因があります。車体検査ロボットは、高性能カメラで、小さなものでもきれいな写真がとれるため、工場にいる作業員はでこぼこを見つけるだけでなく、その原因もしらべることができます。
　原因がわかることで、でこぼこをなおす作業もらくにすすめられます。

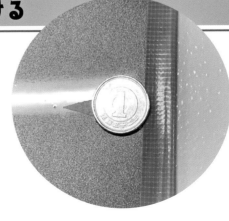

◀あわが原因でできた小さなあな。1円玉とくらべると小ささがわかる。人の目では見つけられないが、ロボットは見つけることができる。

＊人工知能：自分で学習して、自動的にかしこくなるコンピュータ。

ROBO データ

洗浄・乾燥機
JCC 701
ROBO

［スギノマシン］

開発国	日本
発売年	2020年
高さ	265cm
奥行	260cm
幅	100cm

自動車の部品をきれいにする
部品洗浄ロボット

自動車には、金属をけずってつくった部品がたくさんつかわれています。その部品についた金属のけずりかすをあらう作業は、専用の洗ざいにひたしたり、こすったり、あらったあとにかわかしたりと、とても時間と手間がかかります。このロボットは、よごれやけずりかすをあらうところからかわかすまでの作業を、ひとりでやってくれます。

ロボットについているアーム（うで）がそとから部品をとって、ロボットの中であらい、かわかしたあと、アームをつかって、きれいになった部品をそとにもどします。そのため、洗ざいがとびちることもありません。

このロボットがあれば…

ひとりで部品をあらってかわかすことができるよ！

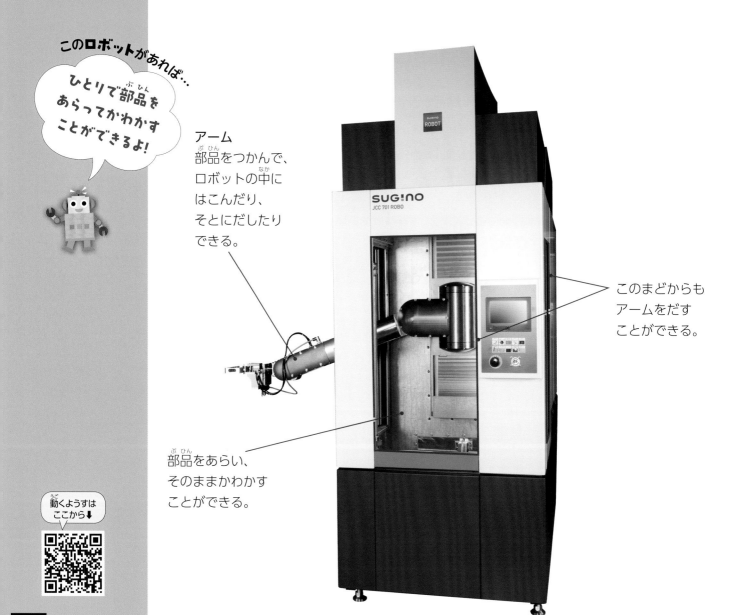

アーム
部品をつかんで、ロボットの中にはこんだり、そとにだしたりできる。

このまどからもアームをだすことができる。

部品をあらい、そのままかわかすことができる。

動くようすはここから↓

これができるよ！

水を強くふんしゃする力で、部品をいっぺんにあらう

自動車を動かす部品がよごれたままだと、自動車のこしょうにつながります。このロボットは金属をけずったときのけずりかすや、あぶらよごれなどを、水の力であらいながしてくれます。人の手ではあらいづらい場所のよごれもおとします。

▲部品をあらう前は、細かなけずりかすがたくさんついている。

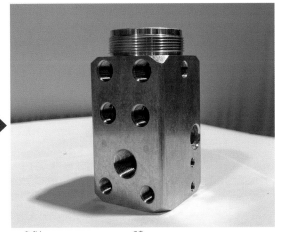

▲部品をあらいおわり、細かなけずりかすがなくなりきれいになっている。

これができるよ！

よこと前にのびるアームで部品のだし入れができる

左右のまどと、前のまどから、アームをだすことができるので、ほかの機械をまわりにおいて、その機械と組みあわせてつかうことができます。

▲部品洗浄ロボット（左）と加工する機械（右）のように組みあわせることができる。

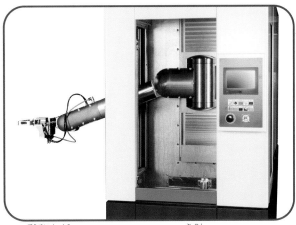

▲防水仕様になっているアームで部品をつかみロボットの中に入れる。

ほかにもあるよ！自動車づくりをたすける

ロボット

自動車工場では、人のしごとをもっとロボットにやってもらいたいと考えています。現場でかつやくしているロボット、これからかつやくしそうなロボットをしょうかいします。

運転手がいなくても、車をはこぶことができる

スタン（スタンレーロボティクス社 / 三菱重工業、三菱重工機械システム）

ROBOデータ	
高さ	174cm
長さ	440cm
幅	195cm
重さ	1900kg

「スタン」は、ひとりで自動車をはこべるロボットです。すでに海外でかつやくしはじめており、いま日本でもこのロボットをとりいれるこころみがなされています。

自動車工場では、できあがった自動車をたくさんはこぶ必要があります。このロボットがあれば、運転手がいなくても、24時間自動車を移動することができます。

自動車工場だけでなく、ちゅうしゃ場で自動車の移動をするロボットとしても、かつやくが期待されています。

荷台
自動車の下にもぐりこませる。

タイヤをつかむパーツ
4つのタイヤをつかんでもちあげる。

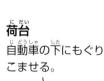

動くようすはここから↓

▲きめられた場所まで、いちばんむだがない道順を自分で考えて動く。いろいろな大きさや重さの自動車をはこぶことができる。

重い自動車部品のとりつけをたすけてくれる

パワフルアーム/PAWシリーズ（CKD）

ROBOデータ	
高さ	243.9cm（最大時）
幅	60cm
重さ	180kg

「パワフルアーム」は、人が自動車を組みたてるときに、重いタイヤやエンジン、電気自動車につかわれているモーターなどを、もちあげてくれるロボットです。ハンド（手）部分を作業にあわせてかえることで、いろいろなしごとができます。

　大きくて重い部品をかるがるともちあげ、上下左右に動かすことができます。細長い形で場所をとらないので、はたらく人の近くで、作業を手伝うことができます。

▲人のよこでいっしょに作業するようす。

自動車部品の組みたてをたすけてくれる

協働ロボットUR5（ユニバーサルロボット）

ROBOデータ	
高さ	85cm（最大時）
幅	27cm
重さ	18.4kg

　「UR5」は、自動車づくりのいろいろなしごとをたすけてくれるロボットです。部品のねじをしめたり、部品を車体にとりつけたりすることができます。

　作業しやすい角度やちょうどよいしめぐあいを人が設定すると、人がはたらかない時間でも、設定どおりに作業をしてくれます。場所をとらずに、人と同じ場所にいて作業するロボットのことを協働ロボットとよびます（くわしくは28ページへ）。

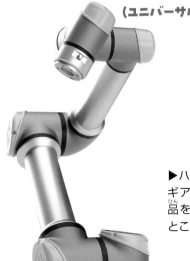

▶ハンドをつけて、ギアとよばれる部品をはこんでいるところ。

小さな部品を、正確に組みたてる
電子部品組みたてロボット

ROBOデータ

協働ロボット

ユーミィ

［エービービー］

開発国	スイス
発売年	2015年
高さ	17cm
長さ（奥行）	約44cm
幅	約45cm
重さ	38kg

電子部品組みたてロボットは、工場で小さな電子部品を組みたてるロボットです。電子部品をつくるためには、いろいろな種類の部品を少しずつ組みたてるので、とても手間がかかります。また長い時間、細かい作業を正確につづけなければならないので、とてもつかれます。

電子部品組みたてロボットは休むことなく、部品を組みたてる作業を、ひとりでまちがいなくおこなってくれます。

このロボットがあれば…

人といっしょに、部品を組みたてられるよ。

アーム（うで）
14個もある関節を曲げることで、さまざまな動きができる。

ハンド（手）
作業の内容にあわせて、ハンドをとりかえられる。

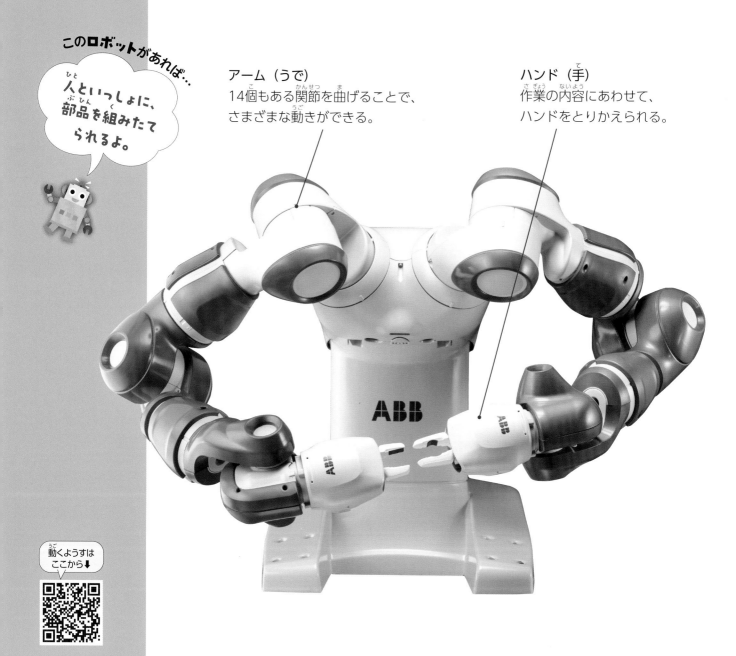

動くようすはここから↓

ピンセットをつかった作業もできる

コンピュータをつかったり、ロボットをちょくせつ動かしたりして、作業の内容をロボットに教えることで、ふたのあけしめをしたり、部品をきめられた場所にはこんだり、ねじをしめたりするなどの、部品を組みたてるための細かな作業ができます。

▲2本のアームで、ピンセットをつかったシールはりもかんたんにできる。

▲細かいねじしめなど、めんどうな作業もこのロボットならすばやくできる。

小さいものでも正確に組みたてる

とても小さくてかるい部品を正しく、とりつけていきます。人の手ではむずかしい、わずか100分の5mmという精度で、部品を組みたてることができます。

▲小さい部品を、きめられた場所に正確にとりつけていく。

これはすごい！ 人といっしょに安全に作業できる

このロボットは自由に動くアームをつかい、人のすぐそばにならんで、ひとつの部品を協力して組みたてることができる、協働ロボットとよばれるロボットです（くわしくは28ページへ）。いっしょにはたらけることで、人がしていた作業をたすけてくれたり分たんしてくれたりできるようになっています。

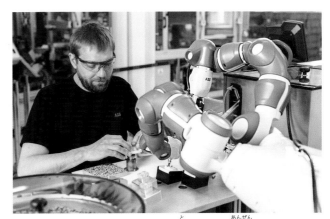

▲アームがなにかにふれるとすぐ止まるので安全。

ROBO データ

スカラロボット
[ヤマハ発動機]

開発国	日本
発売年	1984年
高さ	約50〜58cm
長さ（うでの長さ）	
	40〜71cm
幅	約16〜18cm
重さ	17〜26kg

＊部品整理ロボットは、ハンド（手）をつけます。上記は、ハンドをのぞいた情報です。

部品をすばやく動かして、整理する
部品整理ロボット

部品整理ロボットは、自動車や機械の工場などで、部品をきめられた場所にはこんだり、箱に整理したりするロボットです。

　自動車や機械の工場では、細かい部品がたくさんあり、それらを正しくべつのところに、わけて整理するには、たくさんの人数が必要です。このロボットは、いろいろな大きさや形の部品を、とてもすばやく正しくうつしかえます。そのため、機械をつくる工場だけでなく、おかしを箱につめる食品工場などでもかつやくしています。

このロボットがあれば…

人よりはやく正確に作業できるから時間のせつやくになるんだね。

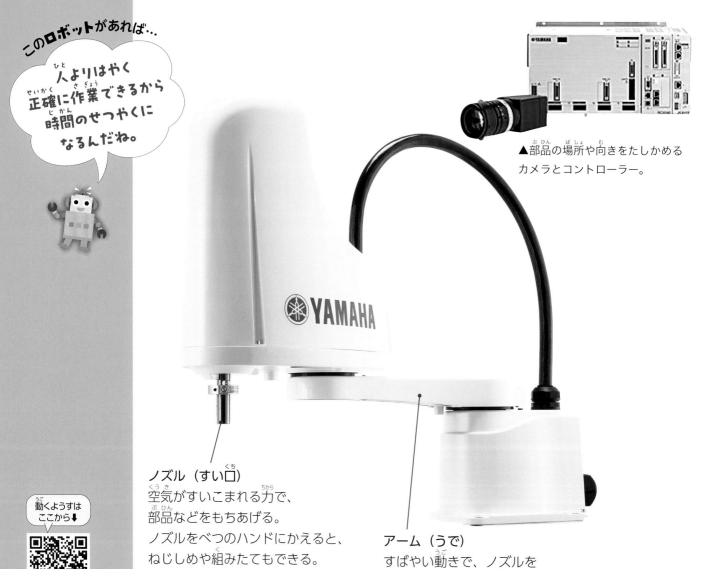

▲部品の場所や向きをたしかめるカメラとコントローラー。

ノズル（すい口）
空気がすいこまれる力で、部品などをもちあげる。
ノズルをべつのハンドにかえると、ねじしめや組みたてもできる。

アーム（うで）
すばやい動きで、ノズルをきめられた場所に移動させる。

動くようすはここから↓

4kgの部品でも動かせる

ノズルは、部品の上で下に向かってのび、部品をすいあげます。最大で4kgの重さのものまで、もちあげることができます。もちあげた部品は、きめられた場所まではこばれると、ノズルの空気を止めることで下におちます。

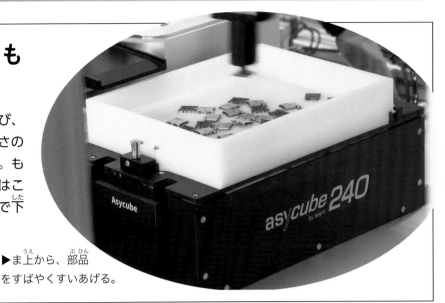

▶ま上から、部品をすばやくすいあげる。

部品の向きや位置をそろえてならべなおす

もちあげる部品は、向きや位置がばらばらです。このロボットは、カメラをつかってそれを確認して、どんな方向に向いた部品も同じ向きになおして、きめられたところまできちんとはこんで整理します。

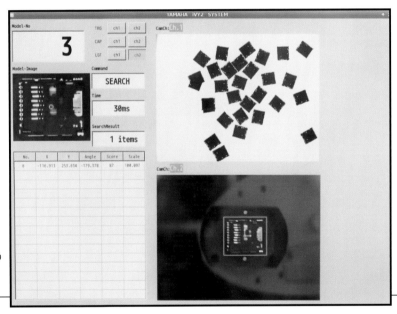

▶カメラが、はこぶ前の部品を確認している。

おかしの箱づめでも、大かつやく！

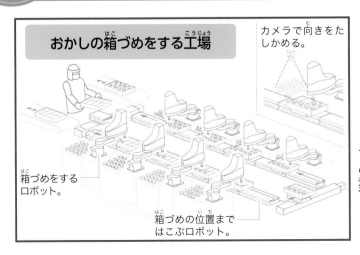

おかしの箱づめをする工場

カメラで向きをたしかめる。

箱づめをするロボット。

箱づめの位置まではこぶロボット。

このロボットは、機械の部品だけでなく、食品などもはこんで整理できます。ふくろに入ったおかしを箱につめる工場では、8人でやっていた作業をすべてロボットにまかせて、人はひとりでロボットを見まもるだけのしごとになりました。

◀カメラでおかしの向きや位置をたしかめながら、2種類のロボットで箱づめと箱を動かす作業をしている。

ROBO データ

ジーティーエフアール
GTFR5280

［ジェーイーエル］

開発国	日本
発売年	2024年
高さ	72.6cm
幅	34.8cm
重さ	80kg

＊半導体搬送ロボットは、搬送用のハンド（手）をつけます。上記は、ハンドをのぞいた情報です。

ウェハをきれいなままきずつけずにはこぶ
半導体搬送ロボット

半導体搬送ロボットは、電子部品の工場で、材料となるとてもうすい円板（ウェハ）を、人のかわりにはこんでくれるロボットです。

電気製品やコンピュータなどの頭脳といえるのが、半導体です。原料のかたまりをうすく切った円板に、いろいろな手をくわえてつくります。手をくわえるとき、作業ごとにべつの場所まで円板を動かしますが、人がはこぶと、こわれたり、よごれたりしてしまいます。しかし、半導体搬送ロボットなら、円板をきずつけることなく、はこんでくれます。

このロボットがあれば…

きずつきやすい部品をきずつかないようにはこべるよ！

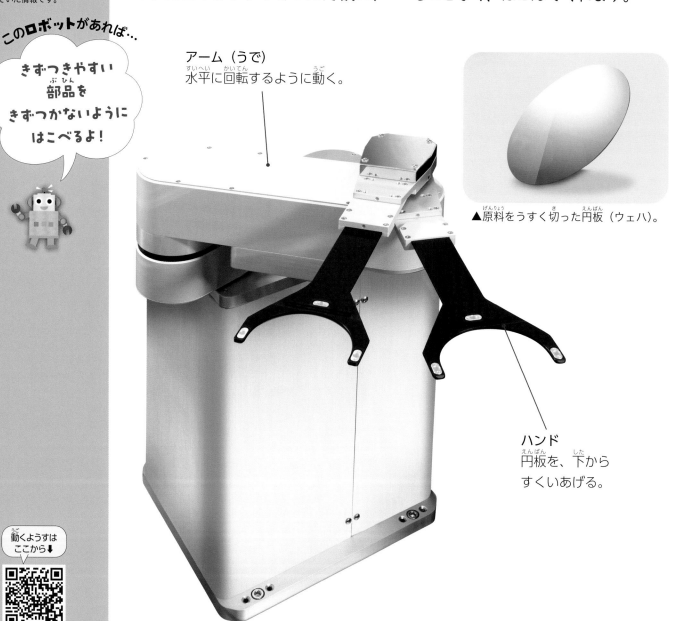

アーム（うで）
水平に回転するように動く。

▲原料をうすく切った円板（ウェハ）。

ハンド
円板を、下からすくいあげる。

動くようすはここから⬇

円板をきずつけずに もちあげる

ロボットは、箱からだした円板を機械へはこびます。ハンドについている小さな部品で空気をすいこみ、円板をハンドにすいつけることで、ずれないように円板をもちあげます。

ハンドの一部だけしか円板にふれないため、きずをつけずに円板をはこぶことができます。

▲ハンドで箱から円板をとりだし、はこんでいるところ。

すばやく動くので はやくはこべる

もちあげた円板は、つぎの作業にあわせて、べつの場所まではこばなければなりません。このロボットは、はやく動くモーターをつかっているため、円板をすばやく移動させることができます。

▲▶箱から円板を2秒でとりだすことができる。

ほこりをださずにはたらく

円板は、ほんの少しのよごれやほこりがついただけでも、半導体の材料としてつかうことができません。

ふつうのロボットは、動くたびに、ロボットにつかわれているゴムベルトなどの部品から、わずかなごみがでます。しかしこのロボットは、そのごみをそとにださず、ロボットの中にすいこむしくみになっています。そのため、空気中のほこりも少なく、円板をよごさずにはこぶことができるのです。

ごみやほこりをださないため、「クリーンロボット」とよばれています。

半導体製造そうち

半導体製造そうちの中

◀▲半導体搬送ロボットは、よごれやほこりがつきにくいそうちの中でしごとをしている。

人とはたらく
協働ロボット

いま、はたらき手が不足しているものづくりの現場では、人といっしょにはたらく「協働ロボット」が注目されています。
協働ロボットって、どんなロボットなのでしょう？

協働ロボットのたんじょう

もともと、自動車などの工業製品をつくっていた産業用ロボットは、大きくて力が強く、スピードもはやいものでした。そのため、ロボットをさくでかこむことが法律できめられていました。

その後、ロボット技術の進歩で、安全なスピードと力で動く、協働ロボットが生まれました。安全だとわかると、さくがなくてもつかえるように法律もかわって、ロボットと人がいっしょにはたらけるようになりました。

▲自動車工場ではたらく産業用ロボットたち。人とはべつの、ロボットだけの場所ではたらいていた。

協働ロボットの広まり

ロボットが小型になったことや、安全になったことなどから、小さな工場でもロボットをつかえるようになりました。

また、人と同じ道具をつかってはたらくことができるので、あたらしい設備を入れずに、そのままロボットをつかえるようになりました。いまは、人手がたりない工場などで、ロボットがかつやくするきかいがふえています。

▲化粧品工場で、人とロボットがいっしょにはたらいているようす。

写真提供：資生堂

協働ロボットいろいろ！

人といっしょにはたらいても安全な、小さくて、より高い技術をもったロボットが登場！

CRXシリーズ
ファナック

ロボットのアーム（うで）を、人がかるい力で動かして動きを教えると、そのとおりに動けるようになるロボット。

デュアロ1
川崎重工業

ロボットのよこ幅がせまいので、人ひとり分の広さでもはたらける。

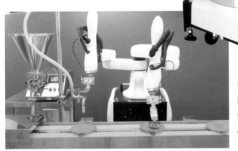

◀ピザきじにソースをぬったり、にぎりずしの具をのせたりすることができる。

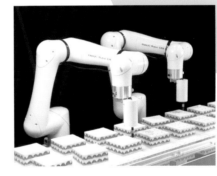
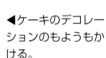

◀ケーキのデコレーションのもようもかける。

モートマン CSDA10F
安川電機

人のうでのような形の2本のアームがあり、人と同じ動きで薬の実験などがおこなえるロボット。

期待される協働ロボット

現在は、協働ロボットと人が、ものや工具の受けわたしをおこなうなど、よりむずかしい作業ができるようになりつつあります。

人といっしょにはたらく協働ロボットは、これからますますかつやくが期待されています。

▲しらべたいものを、シャーレ（ガラスの皿）に入れる。

ROBO データ

フードリー

[アールティ]

開発国	日本
開発年	2019年
高さ	153cm
奥行	45cm
幅	40cm
重さ	約40kg

このロボットがあれば…

人のかわりに、弁当のもりつけができるよ。

おかずをきめられた場所にもりつける
お弁当もりつけロボット

お弁当もりつけロボットは、弁当工場で、お店で売る弁当のもりつけをするロボットです。

弁当にはさまざまな種類があり、弁当の種類によって、おかずの数やもりつける場所がきまっています。

このロボットはひとりで、自分のカメラでお皿の上につまれた食材を見わけて、トング（はさむ道具）をつかってひとつずつおかずをつまみ、入れものの中のきめられた場所にもりつけていきます。

頭のカメラ
食材の形をたしかめる。

ライト
さまざまな色に光ることで、ロボットがいまなにをしているのか教えてくれる。

胸のカメラ
弁当の入れものをたしかめる。

アーム（うで）
両ほうのうでを同時につかって、すばやくもりつけをする。

ハンド（手）
トングはとりはずしてあらうことができる。また食材によって、トングの種類をかえることもできる。

動くようすはここから↓

人にまじっておかずをもりつける

これができるよ！

お弁当もりつけロボットは工場ではたらく人といっしょにもりつけ作業をする協働ロボットです（くわしくは28ページへ）。ごはんをもったりする複雑な作業は人がおこない、ロボットはからあげや肉だんごなどのおかずをのせる、かんたんな作業をくりかえします。

◀もし人とぶつかってもAI（人工知能*）がはたらいて、安全に作業をつづけられる。

＊人工知能：自分で学習して、自動的にかしこくなるコンピュータ。

自分で食材の形を見わけて作業する

これができるよ！

AIで学習しておくと、頭のカメラで食材の形を、胸のカメラで入れものの形を見わけられます。そして、からあげなどのような、つまれるとさかいめがわかりにくい食材でも、まちがいなくつかむことができます。

▲AIが、食材の形や大きさをしっかりと見わける。

これはすごい！ 弁当にねじなどがまざらないくふう

このロボットは、弁当の中にまちがってねじがおちないように、体の表にねじがでてこないようにつくられています。ロボットなので、かみの毛や病気の菌を、弁当におとすこともありません。

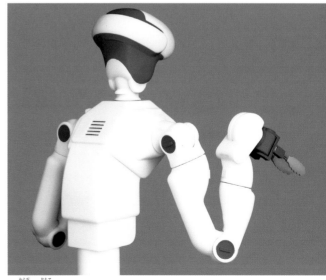

▲体の表にねじがなく、すっきりとしたデザインになっている。

食品を大きさごとにすばやくならべる
食品整列ロボット

ROBO データ

YF003N

[川崎重工業]

開発国	日本
発売年	2008年
高さ	121cm(全体)
長さ	84.05cm (アーム部のみ)
幅	88cm (アーム幅)
直径	130cm (動作はんい)
重さ	145kg

食品整列ロボットは、食品工場などで、ベルトコンベアでながれてくる商品をつかんで、ならべかえたりかさねたりするロボットです。

工場では、ベルトコンベアで商品をながしながら、さまざまな作業をします。つぎの作業へとうつすために、ベルトコンベアでながれてくる商品を、作業にあわせてならびかえるという作業は、人がすると、とてもつかれるたいへんなしごとです。

このロボットを天井にとりつけてつかえば、傘のほねのようなアーム（うで）で上から商品をつかんで、1分間に80個のはやさで、正確にならびかえることができます。

このロボットがあれば…

食品を
大きさごとに
はやく
ならべられるよ。

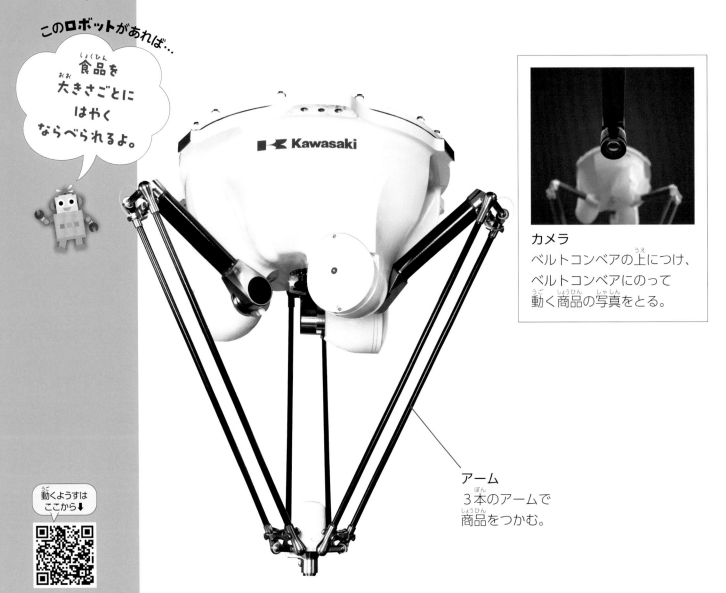

カメラ
ベルトコンベアの上につけ、ベルトコンベアにのって動く商品の写真をとる。

アーム
3本のアームで商品をつかむ。

動くようすは
ここから↓

これができるよ！

カメラをつかって、動くものをつかむ

ベルトコンベア上の商品は、さまざまな向きではやくながれてきます。ロボットがそれをつかんで正しくならべるには、位置と向き、大きさをカメラで写真にとり、かくにんすることがかかせません。カメラとベルトコンベアとつながることで、ロボットは動くものをつかむことができます。

▲ロボットとカメラとベルトコンベアがつながっているので、ベルトコンベアの上を動くものの位置をロボットが知ることができる。

これができる！！

大きさごとにわけたり、整列したりできる

このロボットは、しその葉のような形や大きさがバラバラな野菜でも、カメラで大きさをたしかめて、大きさごとにわけることができます。また、傘のようなアームは、先を正確にはやく動かせるため、小さなおかしでも、人よりもはやくきれいに、箱にならべられます。

▲ロボットの作業。ベルトコンベアの上をながれるさまざまな大きさのしその葉を、大きさごとに４つにわけている。

▼人が作業しているところ。

これはすごい！

せまい場所でもかつやくできる

このロボットは、アームの先を1.3mのはんいで動かすことができますが、同じ傘型のアームをもつロボットには60cmのはんいを動かせる小型のものもあります。小型のものなら、せまい場所でも設置することができます。

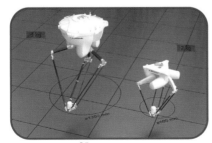

▲アームの動くはんいが1.3mのもの（左）と、60cmのもの（右）。

▲小型のアームをもつロボットは、マスクの製造工場など、はやさや正確さがより必要な工場でつかわれている。

ROBO データ

エーアイ
Ai1800

［オークラ輸送機］

開発国	日本
発売年	2015年
高さ	240cm
長さ（奥行）	260cm
幅	約130cm

重いにもつをまとめてはこぶ
飲料運搬ロボット

　飲料運搬ロボットは、飲みもの工場で、びんや紙パックが入ったケースを、人にかわってはこぶロボットです。

　工場では、ペットボトルや紙パックの飲みものを、十数本ずつケースに入れてあつかいます。1Lの水は1kgなので、飲みものが入ったケースの重さは十数kgになり、人の力ではこぶのは、とてもたいへんです。

　このロボットは、飲みものがたくさん入った重いケースを、いっぺんに数個ももちあげ、出荷用の台にすばやく、正確にうつしかえることができます。そのため、工場ではたらく人の体のふたんがかるくなります。

このロボットがあれば…

重いにもつも
楽に動かせるよ。

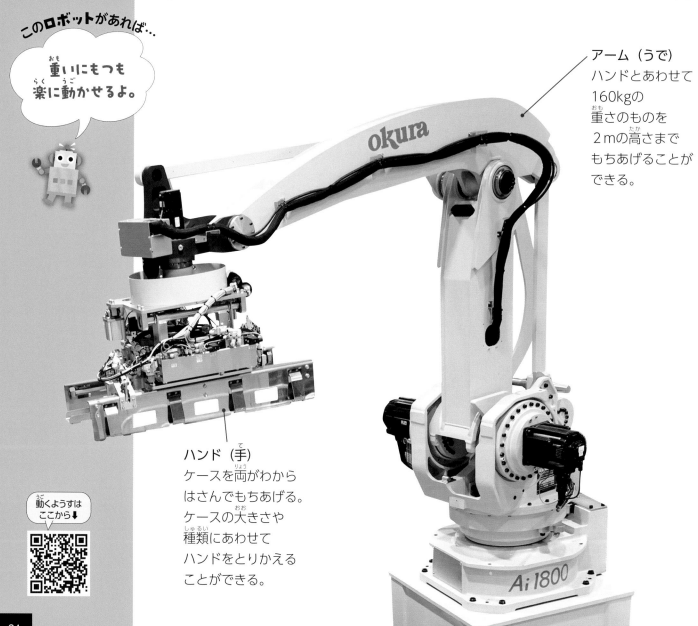

アーム（うで）
ハンドとあわせて
160kgの
重さのものを
2mの高さまで
もちあげることが
できる。

ハンド（手）
ケースを両がわから
はさんでもちあげる。
ケースの大きさや
種類にあわせて
ハンドをとりかえる
ことができる。

動くようすは
ここから↓

これができるよ！

プラスチックの箱をくずれることなく つみあげられる

飲みものの入ったプラスチックの箱は、重ねるとき、上のケースを下のケースにきっちりとはめこまないとくずれてしまいます。このロボットならずれなくきまった動きをするので、いちどに数個のケースをもちあげても、しっかりつみあげていくことができます。

▶飲みものの紙パックが入った箱を４つ同時にもちあげ、出荷用の台につみあげているようす。

これができるよ！

箱にあわせてハンドを つけかえられる

飲みもの工場では、びんや紙パックに入った飲みものの多くはプラスチックの箱に、かんやペットボトルに入った飲みものはダンボールの箱にまとめておさまっています。

それらの箱の種類にあわせてハンドをつけかえることで、箱をつぶさずもちあげておとすことはありません。

◀プラスチックの箱用のハンドはフックをケースの上部にひっかけて、おちるのをふせぎながらもちあげる。

— フック

▶ダンボールの箱用のハンドは、クッション材とラバー（ゴム）のついた板ではさみ、さらにフィンガーとよばれるゆびのような金具で、おちるのをふせぐ。

ラバー　　クッション材　　フィンガー

これは すごい！

複数の台に うつしかえられる

このロボットは、コントローラーで、にもつのつみあげかたがえらべ、にもつの大きさとおく場所を入力するだけで作業をします。また、アームは根もとの関節をまわすことで１周させることができるので、ハンドが広いはんいにとどきます。そのため、最大で６つの台にわけながら、同時につみあげていくことができます。

▲６つの台に同時ににもつをつみあげている。

ROBO データ

ネクステージ

［カワダロボティクス］

開発国	日本
発売年	2022年
高さ	85.6cm
奥行	58cm
幅	55.3cm

＊数値はNEXTAGE Fillieのもの。

化粧品にすばやくふたをする
化粧品組みたてロボット

このロボットは、人のかわりに化粧品の容器にふたをするなどの作業をおこなうロボットです。

口紅などの化粧品を完成させるには、最後に容器のふたをしなければなりません。しかし、容器にはさまざまな形があるうえ、ふたをする製品の数はとても多いので、人が作業をすると、きずをつけたりすることがあります。このロボットは、きずをつけないで、たくさんの容器にすばやくふたをすることができます。

このロボットがあれば…

細かいものでも
人よりはやく
組みたてられるよ。

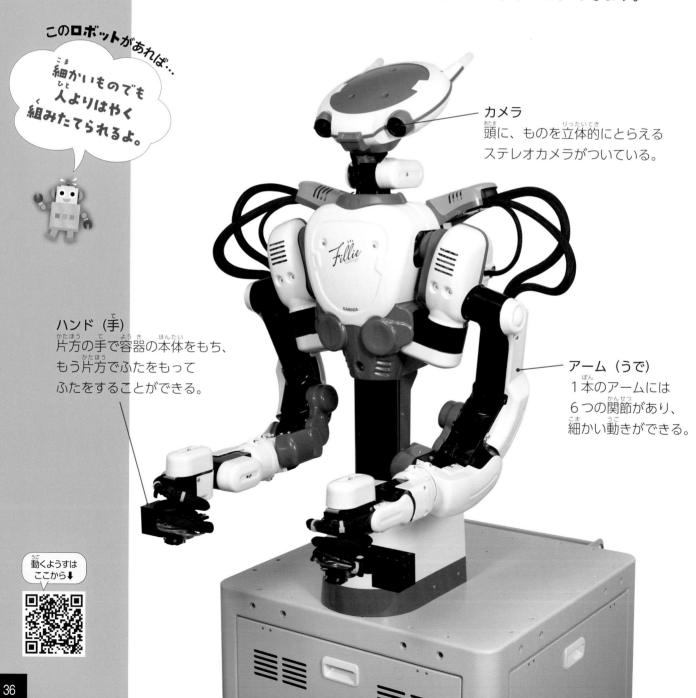

カメラ
頭に、ものを立体的にとらえる
ステレオカメラがついている。

ハンド（手）
片方の手で容器の本体をもち、
もう片方でふたをもって
ふたをすることができる。

アーム（うで）
1本のアームには
6つの関節があり、
細かい動きができる。

動くようすは
ここから↓

これができるよ！

細かくふくざつな作業ができる

▲専用のハンドで、商品を箱につめるようす。

このロボットのアームは、関節が多くて自由にハンドを動かせます。ハンドを交かんするだけで、化粧品をさしこみ式の箱につめる作業や、ラベルをはりつける作業、製品をコンテナに入れる作業など、細かくてふくざつな、さまざまなしごとをすることができます。

これができるよ！

人ひとり分の場所ではたらける

このロボットは、人と同じくらいの大きさで、人がつかう作業台や道具を、同じようにつかうことができます。

このロボットがいれば、人と同じ広さのしごと場で、休んだ人のかわりにはたらいたり、いそぎのしごとをたすけたりしてくれます。

▲ロボットも人と同じ道具をつかっている。
写真はNEXTAGE01C。
写真提供：資生堂

もっと知りたい！

ほかにもいろいろなしごとができる！

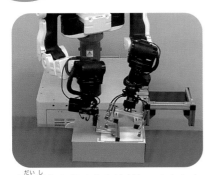

▲台紙からラベルをはがし、しわにならないように両手をつかってきれいにはることができる。

このロボットは、ハンドをつけかえて、ほかにもさまざまなしごとをしています。

ものを箱やたなからだしいれしたり、ドライバーをつかって機械を組みたてたり、頭と手についているカメラをつかって商品を検査したりと、いろいろな作業をすることができます。

お湯をそそいでコーヒーをいれることもできるので、なんとカフェでもかつやくしています。

▶店員さんのように、コーヒーをいれているようす。
写真はNEXTAGE NXAシリーズ。

ＲＯＢＯ データ

ピースピッカー
[Mujin]

開発国　日本
大きさ　非公開

ことなる商品をひとつの箱にじょうずにつめる
衣料品箱づめロボット

衣料品箱づめロボットは、つつんでいるふくろや箱ごと衣服をもちあげて、ダンボール箱などにおさめるロボットです。

衣服をつつんでいるふくろや箱の大きさは、さまざまです。このように大きさのちがうものを、ひとつのダンボール箱につめるのは、ひとつひとつつめる場所を考えなくてはならないので、かんたんな作業ではありません。このロボットは、どんな大きさのものでも、入れかたを自分で考えて、じょうずに箱づめをしてくれます。

このロボットがあれば…

いろいろな形の商品をひとつの箱につめてくれるよ。

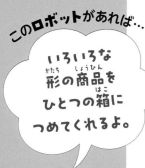

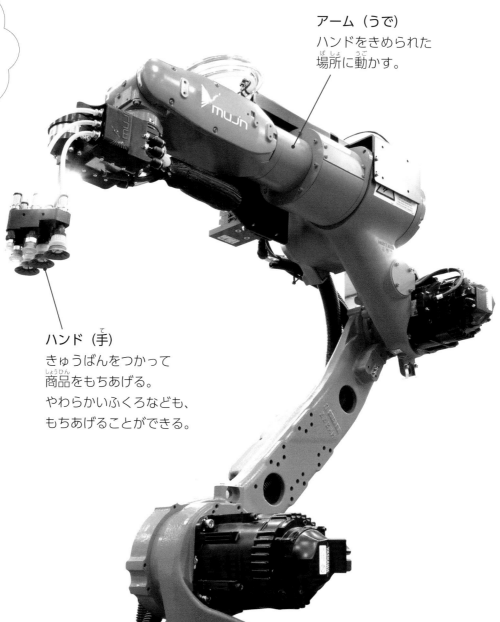

アーム（うで）
ハンドをきめられた
場所に動かす。

ハンド（手）
きゅうばんをつかって
商品をもちあげる。
やわらかいふくろなども、
もちあげることができる。

商品をきれいに箱づめする

商品をつつむふくろや箱は、大きさや形、やわらかさがさまざまです。このロボットは、いろいろな商品をひとつのダンボール箱にまとめて入れるときでも、商品がいちばんきれいにならぶ方法をえらんで、きれいに箱づめしてくれます。

▲さまざまな形の商品を、ひとつの箱につめていく。

商品をきずつけずにつかめる

ハンドの部分はタコのきゅうばんのようになっていて、商品の形にあわせてすいつくので、おとしたり、むりにつかんできずつけたりしません。

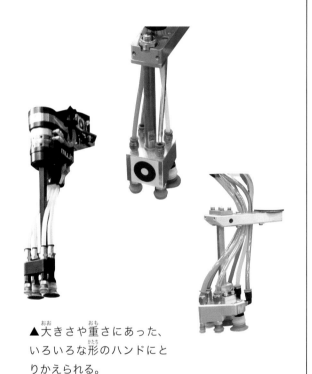

▲大きさや重さにあった、いろいろな形のハンドにとりかえられる。

これはすごい！ 自分で商品のつかみかたをきめる

このロボットは、商品を3方向から撮影できるカメラをそなえています。ロボットはカメラがうつした写真をしらべて、どんな位置や向きになっているかをたしかめます。そして、ロボットのアームどうしがぶつかることを自動でさけ、商品をどのようにつかむかをきめることができます。コンテナの中に形や材質のちがう商品があっても、それを見きわめて箱づめできるので、電機会社や食品会社の倉庫でもかつやくしています。

◀商品を撮影して情報をロボットに送るカメラ。

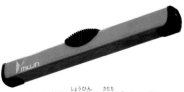

▲つかむ商品の形だけでなく、ロボットのまわりの環境もとらえるカメラ。

まほろ

[ロボティック・
バイオロジー・
インスティテュート]

開発国	日本
発売年	2011年
高さ	約220cm
長さ（奥行）	約200cm
幅	約250cm

＊大きさは、そうち全体の数値。

このロボットがあれば…

正確な実験を、安全にくりかえすことができるよ。

どんな実験も正確におこなう

バイオメディカルロボット

バイオメディカルロボットは、さまざまな薬をつかって、検査や実験をおこなうロボットです。これまで、研究のための検査や実験は、人の手で時間をかけておこなっていました。そのため、結果がでるまで実験をくりかえしたり、わずかなずれで失敗したりすることもありました。

このロボットは、同じ動作をくりかえしできるので、正確な検査や実験を長時間することができます。

ロボットがかつやくすることによって、将来的に、研究者が研究につかう時間がふえ、べつの実験に挑戦したり、あたらしい発見をしたりすることができるようになります。

ハンド（手）
入れものに薬を入れたり、その入れものを機械に入れたりする作業をすることができる。

センサー
ものの位置を正確にたしかめる。

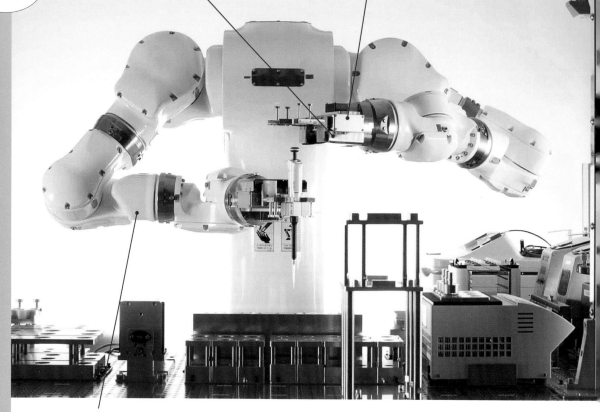

アーム（うで）
2本あり、人のうでと同じように動く。

動くようすはここから↓

人と同じ道具や やりかたで 実験できる

「容器をつかむ」「ふたをあける」「まぜる」などの動きを、ロボットはあらかじめおぼえています。これらの動きを、実験の内容ごとに組みあわせたり、細かい調整をおこなったりすることで、人と同じ道具で同じように実験をおこなうことができます。

▲容器をつかむようす（左）と、ふたをあけるようす（右）。ハンドを器用につかって実験する。

人ができないあぶない実験ができる

ばい菌をはじめとする、病気を引きおこすものをつかう実験や、とても寒い場所でしなくてはならない実験、空気のない場所でおこなわなければならない実験は、人にとってはとてもきけんです。このロボットなら、人にとってはあぶない実験も、安全におこなうことができます。

◀あぶない実験も、人からはなれた場所で、ひとりで安全におこなうことができる。

ほんのわずかな量の薬でも正確にはかる

実験によっては、薬の量をはかるときに、量がほんの少しちがっただけで失敗することもあります。人の手では、この量を実験のたびに正確にはかるのはかんたんではありませんが、このロボットなら、1000分の1mL*というわずかな量を、正確にはかることができます。

▲人がおこなうよりも、すばやく正確に作業できる。

*mL：mは1000分の1をあらわし、Lは水のかさをあらわす単位。

ROBO データ

粉体秤量／調製
ロボットセル
[安川電機／田辺工業]

開発国	日本
発売年	2018年
高さ	220cm
長さ（奥行）	152cm
幅	130cm
重さ	400 kg

粉やつぶの量を正しくはかって調合する
計量調製ロボット

計量調製ロボットは、研究や実験のために、粉の量を正しくはかって、水などの液体とまぜ、入れものに入れておいてくれるロボットです。このロボットがあれば、よぶんなものがまじることなく、粉や液体の分量をまちがいなく調合してくれます。

今後、このロボットがかつやくすれば、人の体にわるい薬品や菌などを人のかわりにはかったり、夜のあいだに、実験や研究のじゅんびをしたりできるようになります。

このロボットがあれば…

実験や研究につかう粉やつぶをはかってじゅんびしてくれるよ。

キャッパー
ようきのふたをしめる機械。

ブース
すきまのない小さな部屋。

アーム（うで）
6つの関節で動くので、さまざまな動作ができる。

ハンド（手）
さまざまなタイプのハンドパーツにつけかえられる。

電子天びん
粉や液体の量をはかるためのはかり。

動くようすはここから↓

これができるよ！

粉や液体を正しくはかれる

計量調製ロボットは、「ブース」とよばれる小さな部屋の中で、ひとりで作業をおこないます。ブース内は、温度や湿度、空気のながれなどがコントロールされています。外からしきられているので、ほこりなどがあやまってまざってしまうことがありません。

アームやハンドを人のうでや手のように動かして、器用に粉の重さをはかったり、粉と液体をまぜたりすることができます。数mgの少ない量も、まちがいなくはかれます。

▲液体をはかっているところ。ハンドをつけかえて、さまざまな種類の粉や液体をはかることができる。

これができるよ！

入れものに入れて ふたをしめるまで、 すべてひとりでできる

このロボットは、ひとりで①〜⑤の作業ができます。

人が粉や液体を入れものに入れて、たなにおいておく。

⬇

① ロボットがたなから入れものをとりだし、ふたをあける。

⬇

② 入れものからピペット（スポイトのような道具）やスプーンなどで粉をすくい、電子天びんで重さをはかり薬びんに入れる。

⬇

③ つかっていたピペットをはずし、あたらしいピペットをセットして、薬びんに液体をはかりながらそそぎいれる。

⬇

④ 薬びんのふたをしめ、ふってなかみをまぜる。

⬇

⑤ 薬びんをきめられた場所におく。

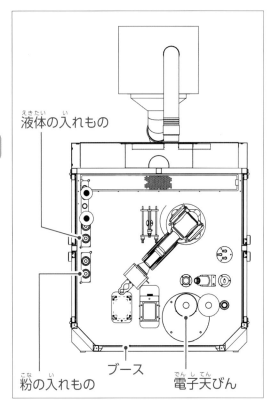

液体の入れもの

粉の入れもの

ブース

電子天びん

ＲＯＢＯ データ

ユーゴープロ

[ユーゴー]

開発国	日本
発売年	2021年
高さ	180cm
長さ（奥行）	58cm
幅	44cm

工場や倉庫の中を点検する
工場システム点検ロボット

工場システム点検ロボットは、カメラやセンサーをつかって倉庫や工場の中を、ひとりで見まわったりしらべたりしてくれるロボットです。

工場や倉庫はとても広く、たくさんのものがおかれています。そのため、中を歩いて、にもつがくずれたりしていないかしらべたり、機械がちゃんと動いているかひとつひとつしらべたりするのは、とてもたいへんな作業です。

このロボットは、朝でも夜でも人のかわりに工場や倉庫の中を動きまわり、見まわりや点検をしてくれます。

このロボットがあれば…

人が動きまわらなくても見まわることができるよ。

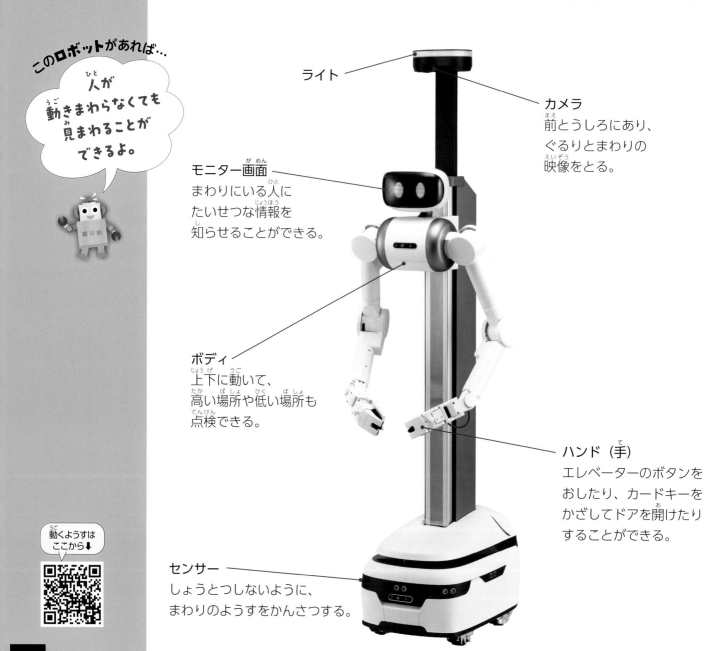

ライト

カメラ
前とうしろにあり、ぐるりとまわりの映像をとる。

モニター画面
まわりにいる人にたいせつな情報を知らせることができる。

ボディ
上下に動いて、高い場所や低い場所も点検できる。

ハンド（手）
エレベーターのボタンをおしたり、カードキーをかざしてドアを開けたりすることができる。

センサー
しょうとつしないように、まわりのようすをかんさつする。

動くようすはここから↓

これができるよ！

ひとりで点検し、レポートさくせいまでできる

このロボットは、カメラやセンサーをつかい、これまで人がおこなっていたメーターの数値の確認や、機械などがそとから見てもんだいがないか、異常を知らせるランプがついていないかといった点検を、ひとりで動きながらおこなえるロボットです。ロボットは点検したあとでカメラでうつした写真、映像などをつかって報告します。

▲ロボットが点検した内容を教えてくれる。

◀ロボットはいちど走っただけで工場内の地図をつくる。

これができるよ！

メーターの数字を読みとる

倉庫や工場の中にあるメーターの数字をカメラで読みとって記録します。メーターの数字がいつもとちがっていると、パソコンやスマートフォンなどにすぐに知らせてくれます。

◀▼人がおこなっていたメーターの読みとり作業も、自動的におこなうことができる。

これはすごい！

においや温度、音をしらべられる！

点検や見まわりの内容にあわせて、カメラだけでなく、こわれてあつくなった機器などを見つけられるサーモカメラや、ガスがもれていないか見つけられるにおいセンサー、音を聞くマイクなど、さまざまなセンサーもとりつけることができます。

▲サーモカメラでとった写真。機器があつくなっていたり、生きものがいたりする部分は赤くなるので、すぐに異常がわかる。

あとがき
人と対話するロボット

この巻では、工場でかつやくし、さまざまなものづくりをたすける、産業用ロボットをしょうかいしました。

ロボット技術が進歩すると、ロボットをつかうための専門の知識がなくても、気がるにつかえるロボットが生まれます。すると、たとえば工場で、ある日は6人がはたらいていたのに、つぎの日には、5人と1台のロボットがはたらいている、ということが可能になります。ふだんの人のはたらきかたをロボットが見ていて、だれかが休んでこれない日には、その人にかわってロボットがしごとをするのです。

また、これからのロボットには、人間とうまく話をする機能がもとめられます。その実現にむけて注目されているのが、「生成AI」とよばれる、学習したデータをつかって、文章や映像、音楽などをつくることができる人工知能です。

ロボットにしてほしいことがあるとき、ポンとロボットのかたをたたいて日本語で語りかけると、「生成AI」をもつロボットが、それに答えてしごとをしてくれる。そんなロボットの世界を、みなさんといっしょにめざしましょう。

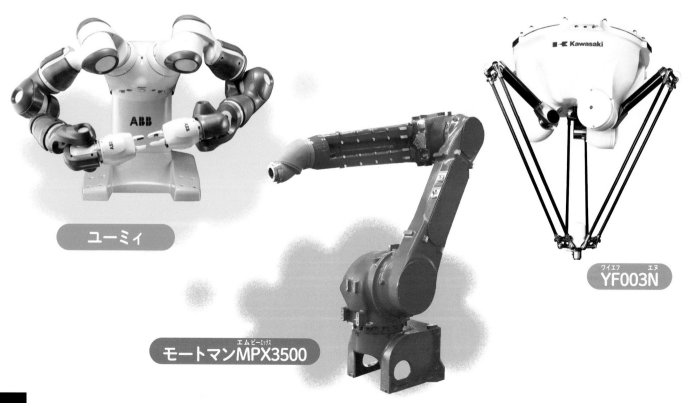

ユーミィ

モートマンMPX3500

YF003N

あたらしいロボット技術にふれてみよう！

ロボットのことが くわしくわかるしせつ

Kawasaki Robostage

川崎重工業のロボットショールーム。自動車の溶接をおこなうロボットの動きをつかったアトラクションが体験できます。

〒135-0091 東京都港区台場2-3-1 トレードピアお台場1階

RoBO&Peace

ロボットやあたらしい技術の製品を見たり、ふれたりできます。産業用ロボットの展示もあります。

〒559-0034 大阪府大阪市住之江区南港北2-1-10
ATCビルITM棟3階 D-1

トヨタ産業技術記念館　自動車館

ロボットアームによる自動車の溶接や組みたてなど、自動車工場のながれ作業をおこなうロボットたちを見ることができます。

〒451-0051 愛知県名古屋市西区則武新町4-1-35

安川電機ロボット村

産業用ロボットなどを展示する「安川電機みらい館」があります。ロボット工場の見学もできます。

〒806-0004 福岡県北九州市八幡西区黒崎城石2-1

ロボットさくいん

● 監修　佐藤知正（さとう ともまさ）

東京大学名誉教授。1976年東京大学大学院工学系研究科産業機械工学博士課程修了。工学博士。研究領域は、知的遠隔作業ロボット、環境型ロボット、ロボットの社会実装（ロボット教育、ロボットによる街づくり）。これまでに日本ロボット学会会長を務めるなど、長年にわたりロボット関連活動に携わる。

● 協力　　青山由紀（筑波大学附属小学校）

● 編集・制作　株式会社アルバ　　　　　● デザイン　門司美恵子（チャダル108）

● 執筆協力　山内ススム　　　　　　　　● DTP　　　関口栄子（Studio porto）

● イラスト　オオイシチエ（p4〜7）　　● 校正　　　株式会社ぷれす

● 写真・資料協力（敬称略）

ファナック、安川電機、日産自動車、ダイヘン、コニカミノルタ、スギノマシン、Stanley Robotics、三菱重工業、三菱重工機械システム、CKD、ユニバーサルロボット、エービービー、ヤマハ発動機、ジェーイーエル、川崎重工業、資生堂、アールティ、オークラ輸送機、トモヱ乳業、カワダロボティクス、Mujin、ロボティック・バイオロジー・インスティテュート、産業技術総合研究所、田辺工業、ugo

ロボット大図鑑 どんなときにたすけてくれるかな？③ ものづくりをたすけるロボット

発　行	2024年4月　第1刷　2024年12月　第2刷
監　修	佐藤知正
発行者	加藤裕樹
編　集	崎山貴弘
発行所	株式会社ポプラ社
	〒141-8210　東京都品川区西五反田3-5-8　JR目黒MARCビル12階
	ホームページ　www.poplar.co.jp（ポプラ社）
	kodomottolab.poplar.co.jp（こどもっとラボ）
印　刷	大日本印刷株式会社
製　本	株式会社ブックアート

©POPLAR Publishing Co.,Ltd. 2024　Printed in Japan

ISBN978-4-591-18082-2/N.D.C.548/47P/29cm

あそびをもっと、
まなびをもっと、

こどもっとラボ

ROBOT

ロボット大図鑑

どんなときにたすけてくれるかな？

監修：佐藤知正（東京大学名誉教授）

全5巻
N.D.C.548

1 くらしをささえるロボット

2 まちでかつやくするロボット

3 ものづくりをたすけるロボット

4 そとでしごとをするロボット

5 とくべつな場所ではたらくロボット

■小学校低学年以上向き
■A4変型判
■各47ページ　■オールカラー
■図書館用特別堅牢製本図書

・このロボットがあれば、
（どんなときに、なにができるかな？）
おじいちゃんがひまなとき、いっしょに話したり、
たいそうをしたり、うたをうたったりすること
が、できます。

・あなたはしょうらい、どんなロボットがあったらいいと思いますか？
（あなたが、あったらいいなと思うロボットを考えて、書いてみましょう）
ほうかごのサッカーで、いっしょにサッカーをしてくれる
ロボットがあったらいいと思います。人数がたりなくて、
サッカーのしあいができないとき、このロボットがあれば、
いつでも人数がそろって、しあいができるからです。

・自分や友だちや家族が、なにかこまっていることはないかな？　こまりごとをかいけつしてくれるロボットを考えてみよう。

・「こんなロボットがあったら楽しそう！」というロボット
を考えてみてもいいよ。

ロボットが、どんな場面で、なにをしてかつやくするか書こう。
たとえば
・ひとりでるすばんをしているときに、話しあいてになること
・道にまよったときに、案内をしてくれること
・配達をする人がたりないときに、かわりににもつをとどけてくれること
など。

すきなロボットについて
しょうかい文を書いたら、
友だちと説明しあおう。